纳唐科学问答系列

机场

[法] 菲利普·戈达尔　著
[法] 朱莉·梅西耶　绘
杨晓梅　译

吉林科学技术出版社

L'aeroport
ISBN：978-2-09-256426-4
Text: Philippe Godard
Illustrations: Julie Mercier

吉林省版权局著作合同登记号：
图字　07-2020-0044

图书在版编目（CIP）数据

机场 / (法) 菲利普·戈达尔著 ; 杨晓梅译. -- 长春 : 吉林科学技术出版社, 2023.8
（纳唐科学问答系列）
ISBN 978-7-5744-0358-1

Ⅰ. ①机… Ⅱ. ①菲… ②杨… Ⅲ. ①机场－儿童读物 Ⅳ. ①V351-49

中国版本图书馆CIP数据核字(2023)第078858号

纳唐科学问答系列　机场

NATANG KEXUE WENDA XILIE　JICHANG

著　　者　[法]菲利普・戈达尔
绘　　者　[法]朱莉・梅西耶
译　　者　杨晓梅
出 版 人　宛　霞
责任编辑　郭　廓
封面设计　长春美印图文设计有限公司
制　　版　长春美印图文设计有限公司
幅面尺寸　226 mm×240 mm
开　　本　16
印　　张　2
页　　数　32
字　　数　25千字
印　　数　1-6 000册
版　　次　2023年8月第1版
印　　次　2023年8月第1次印刷

出　　版　吉林科学技术出版社
发　　行　吉林科学技术出版社
地　　址　长春市福祉大路5788号
邮　　编　130118
发行部电话/传真　0431-81629529　81629530　81629531
　　　　　　　　　81629532　81629533　81629534
储运部电话　0431-86059116
编辑部电话　0431-81629520
印　　刷　吉林省吉广国际广告股份有限公司

书　　号　ISBN 978-7-5744-0358-1
定　　价　35.00元

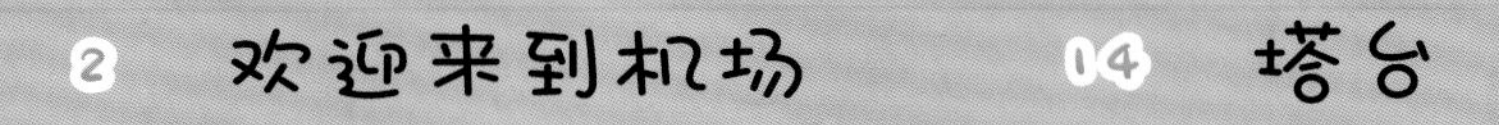

目录

2 欢迎来到机场

4 坐飞机出发

6 安全检查

8 登机啦

10 加油！加满油

12 跑道上

14 塔台

16 起飞啦

18 飞机上

20 降落了

22 飞机库

24 你知道吗？

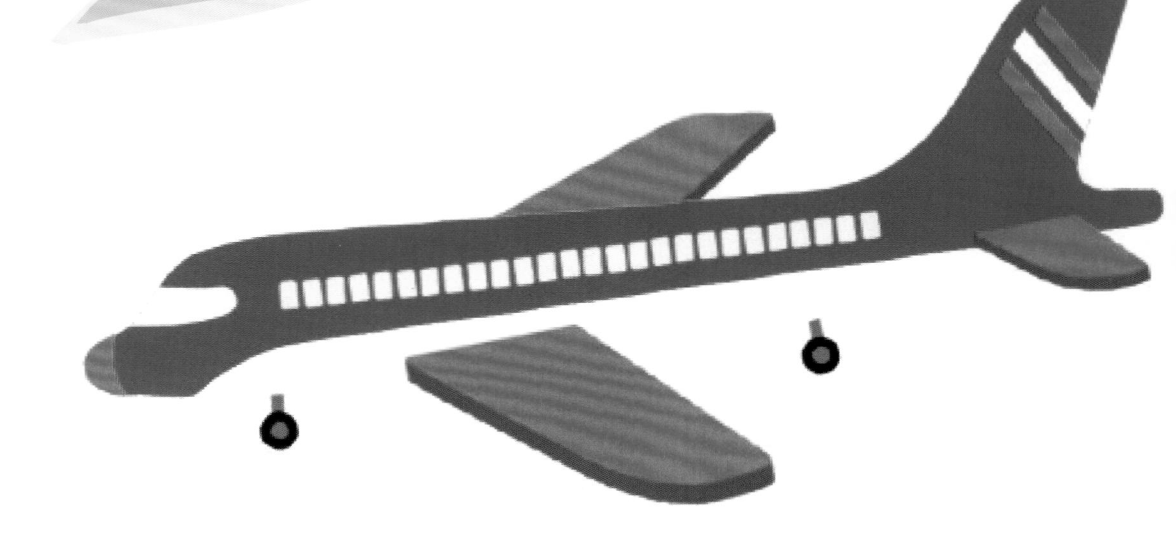

欢迎来到机场

机场每天都要迎接来自世界各地的旅客和货物。这里有许多建筑物，功能各不相同，还有跑道供飞机起飞与降落。

这座塔的作用是什么？

这是塔台，又叫“控制台”。管制员在此处向飞机发布指令，批准它们起飞或降落。

乘客要在哪里坐飞机？

机场，也叫“航空港”，也就是搭乘飞机的站点。在这里，旅客们要登记证件、托运行李、过安检与海关。

飞机在哪里降落？

在跑道上。这是用沥青或混凝土铺设的大道。

飞机的跑道有多长？

最长可达5千米。这样大型飞机才有足够的距离减速停下。

降落的飞机都停在哪儿？

在停机坪。完成清扫工作，更换机组人员，加满油，再让乘客入座、放好行李，飞机便可以再度起飞了！

坐飞机出发

在登机前，我们要先完成行李的托运。留心机场大屏幕的航班起飞信息，千万别错过航班！

在哪里购买机票呢？

旅客们可以在网上购买或通过旅行社购买。当然，也可以在机场直接购买。

这些机器有什么用呢？

可以打印登机牌，上面有座位号等信息。

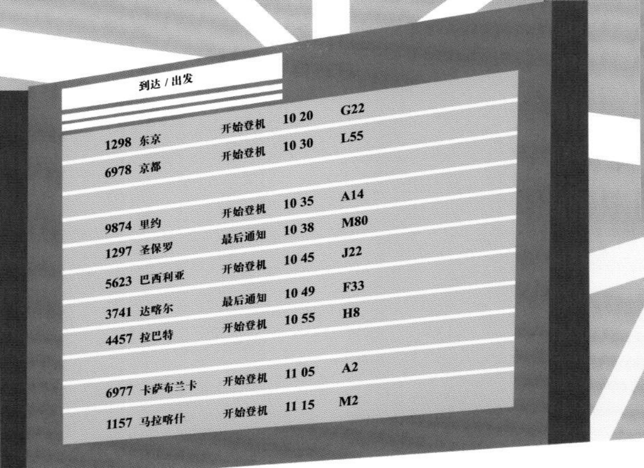

大屏幕上有哪些信息？

出发时间、目的地、航班号与对应的登机门（从正确的登机门进入才可以登上我们要搭乘的飞机）。另外，我们还能看到飞机是准点还是延误。

为什么我们要排队？

我们要登记机票，给行李称重。机场工作人员会给每件行李贴上标签，上面注明了目的地。

行李都去哪儿了？

在柜台后，一条长长的传送带会将这些行李运往一个大厅：在那里，行李被装上卡车，运往对应的飞机。

安全检查

上飞机前，旅客们必须在候机大厅等待。幸好这里有许多餐厅与商店，可以让我们消磨时间。不过在那之前，我们得先过安检。

这位安检员在干什么？

他在检查每个人的登机牌与身份证件。

这个门有什么作用？

这是安检门。旅客如果携带了金属物品，通过它时，警报就会响起。

要把什么放进塑料盒里？

钥匙、电脑、照相机……所有可能触发安检门警报的物品。

宠物该怎么办？

有时，宠物可以和人一起进入机舱；有时，它们要和行李一起待在货舱；有时，宠物要搭乘专门运送货物的货机。

屏幕上能看到什么？

这是X线安检机，可以看到包里面有什么。安检员在屏幕上确认是否有旅客携带了武器或其他危险品。

登机啦

旅客们终于登上飞机了。飞行员已经就位，正在做最后的检查。每次起飞前，他们都有一个长长的安全清单，要逐项确认。

谁来迎接旅客？

空中乘务员，也叫“空姐”。她们会帮助旅客入座。机组人员穿着制服，代表了他们所属的航空公司。

行李在哪里？

行李到达飞机旁边后，会由传送带送入货舱，也就是旅客所在的客舱下方。

这个通道有什么作用？

这是廊桥，又称“登机桥”。当飞机停靠到航站楼附近时，旅客们可以从这里直接上、下飞机。

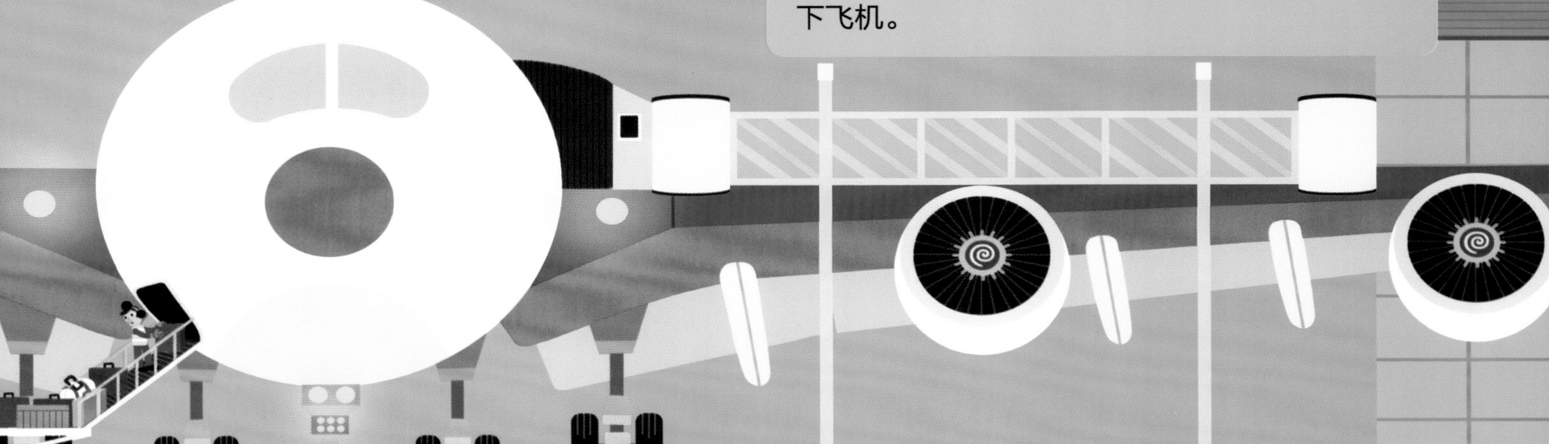

这个卡车是干什么的？

它是装飞机餐的。在飞机上，乘务员将飞机餐加热后，再分发给每位旅客。

加油！加满油

飞机依靠发动机工作。与汽车、卡车一样，它也需要燃料。

飞机用的油跟汽车一样吗？

不一样。飞机使用的燃料叫“航空煤油”，是从石油中提炼而来的，与汽车使用的汽油很像，但能够提供更强劲的动力。

一架飞机需要多少油？

2.5万到30万升之间，视飞机的大小而定。一辆汽车的油箱通常能储存50升油。

油储存在哪里？

飞机机翼。因为飞机的“身体”装着旅客与行李。

油从哪里来？

机场有许多巨型储油罐。加油时，油罐车会将这些煤油运到飞机旁边。

跑道上

飞机即将起飞！不过旅客们还要等待一会儿，因为有其他飞机正在起飞或降落。

什么是滑行道？

连通起飞跑道、降落跑道与停机坪的道路，专供飞机使用。

为什么这些飞机在排队？

在重要的机场，交通流量很大，飞机必须得到塔台批准才能起飞。

飞行员如何知道哪条跑道可以使用？

塔台通过无线电告知飞行员。即使在大雾或能见度很低的情况下，有了塔台工作人员的协助，起飞时也不会发生任何危险。

地上的标志有什么作用？

可以让飞行员知道所处的位置。

为什么这里有信标灯？

夜间或天气不好时，飞行员能借助灯光辨别跑道所在的位置。

在图中找一找！

塔台

塔台管理着机场跑道与附近空域的所有飞机。在这里工作的人被称为“空中交通管制员”。

塔台管制员的工作是什么？

监控飞机的落地与起飞，告知飞行员飞行高度，管理进入附近空域的所有飞机。

他们如何与飞行员交流？

塔台与机场周围的所有飞机通过无线电连接、交流。

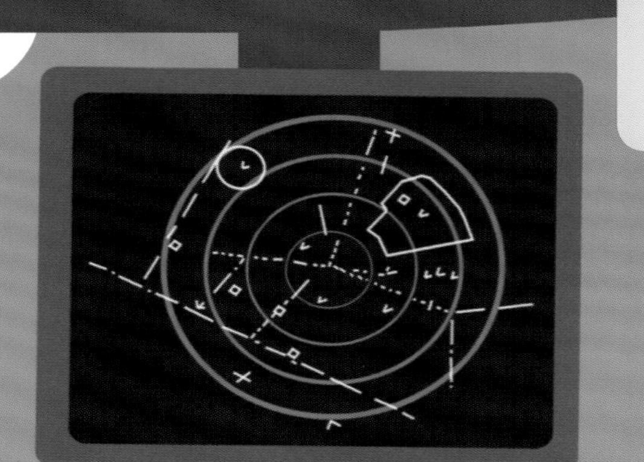

这些屏幕的作用是什么？

显示机场周遭所有飞机的实时位置。

什么是空中走廊？

空中飞行通道。

他们说什么语言？

英语，这是航空业的国际通用语言。

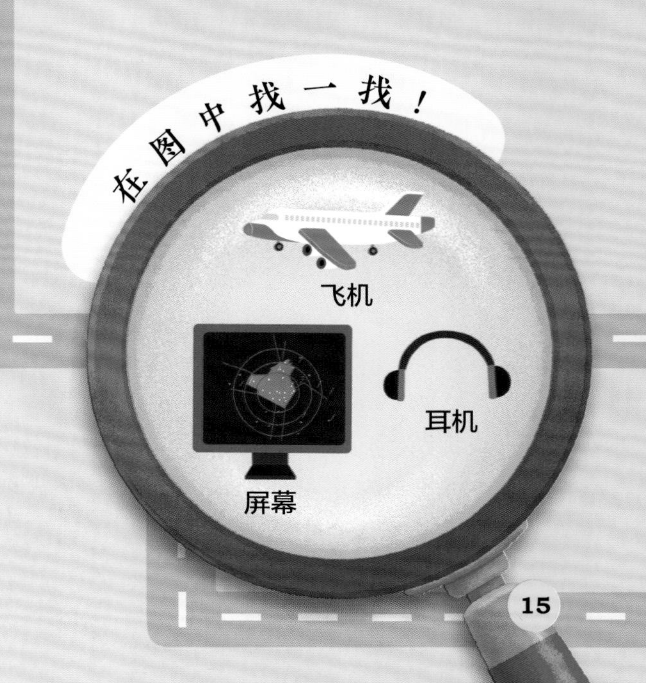

起飞啦

飞机起飞的一幕特别壮观。发动机开启最大马力，让飞机“拔地而起”。旅客们要系好安全带……旅途开始啦！

飞机起飞时的速度是多少？

民航飞机起飞时的速度一般为250~300千米/时。

飞行时飞机的轮子会收起来吗？

会。当飞机上升到一定高度时，飞行员将收回起落架，让它“隐身”到机舱中。

飞机上的灯全程都亮着吗？

飞行途中，飞机外部的航行灯全程闪烁。这样在夜晚或天气不好时，我们也能确认飞机在空中的位置。左机翼的灯为红色，右边为绿色，尾翼则为白色。

有时起飞会被取消吗？

会，比如遇到暴风雨或暴雪等极端恶劣的天气时。

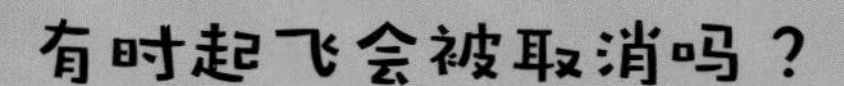

飞机上

飞行员与副飞行员在飞机最前方的驾驶舱里。机身的下方是货舱，存放着我们的行李；上方是客舱，是旅客们休息的地方。

飞机上的窗户能打开吗？

不能！高空中的氧气很稀薄，人完全无法呼吸。

飞行员一次能飞多久呢？

飞行员一次最多飞行13小时，每次飞行后都要休息。驾驶舱里一定还有一位以上的副飞行员。必要时，可以由副飞行员来驾驶飞机。

这位空中乘务员正在干什么？

她正在告诉旅客们乘坐飞机时相关的安全守则，救生衣在什么位置及发生意外时该如何使用。

卫生间在哪里？

通常在客舱的最前端和最末端，有时中间也有。排泄物会集中储存在一个大桶中，落地后再进行清理。

什么时候要系上安全带？

飞机起飞与降落时，以及飞行途中遇到乱流时。但是为了安全，最好全程系好安全带。乘务员会来到机舱中检查大家是否系好安全带。

降落了

飞机降落时，飞行员必须以最平稳的方式让飞机落地并快速减速，尽早停下，避免飞机冲出跑道。

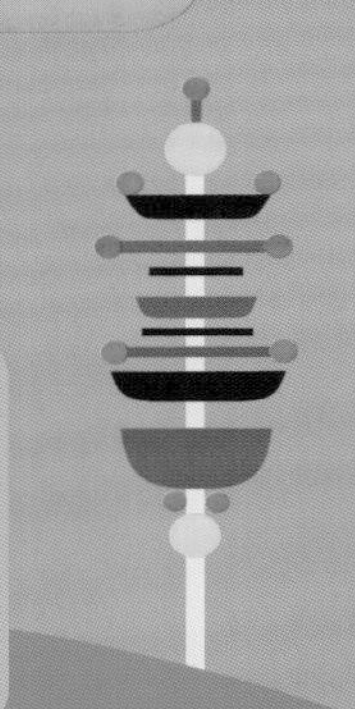

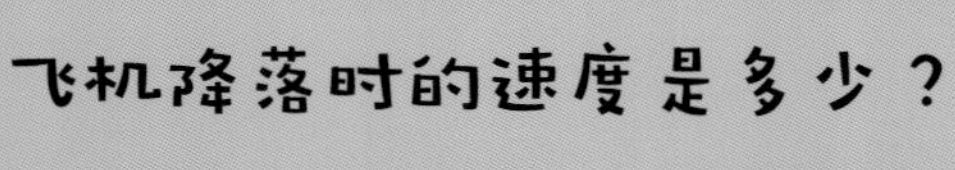

飞机降落时的速度是多少？

飞机飞行的速度通常在700~900千米/时。落地那刻的速度约为250千米/时。

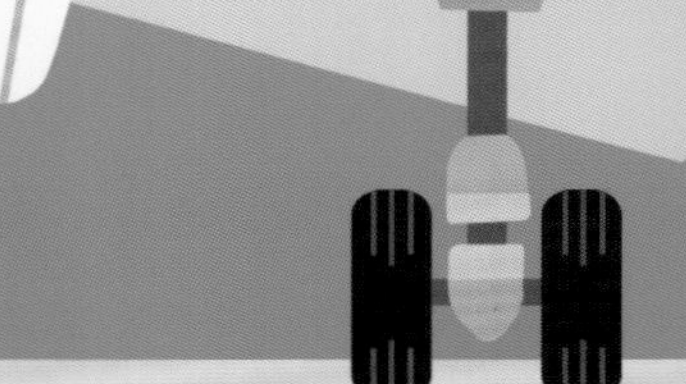

飞机为何能在这么快的速度下降落？

因为发动机的推力很强大。在起飞和飞行途中，飞机发动机向后方喷气，让飞机前进。降落时，飞行员要反向操作。

飞机的轮胎很快就会报废吗？

没错，因为飞机特别重。每执行300次左右起降就必须更换一次轮胎。

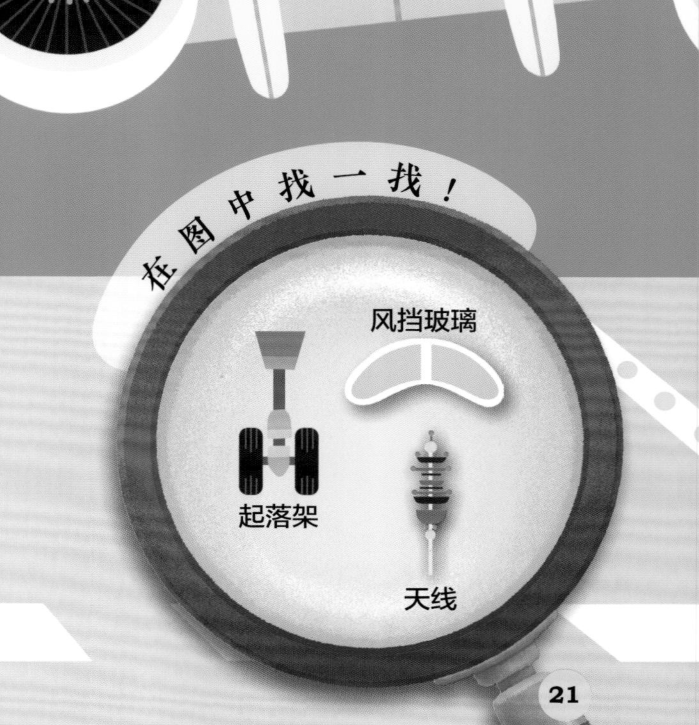

飞行中会发生意外吗？

有意外，但很罕见。就事故而言，飞机是最安全的交通工具！

飞机库

飞机大部分时间都在天上飞，不过定期也要来到机场的飞机库中进行检查、维护，确保一切运转正常。

这个大卡车的作用是什么？

将飞机拖到飞机库中。它们是“牵引车”。

这个拿棍子的男人在干什么？

他发出指令，指导飞机前进、左转或右转。

在飞机库里，人们要做什么？

技师们要对飞机进行维护：每次飞行完成后，飞机都需要进行一次“小检修”。不过飞机在这里停留的时间通常很短。

修理飞机的是谁？

是航空公司的技术人员。飞机上也有一套安全系统。若飞行期间遇到故障可以紧急处理。

你知道吗？

世界上最危险的机场在哪里？

有好几个。其中洪都拉斯（中美洲国家）首都特古西加尔巴的机场就很危险：跑道特别短，周围群山环绕。

海边也有机场吗？

有。在许多岛上，比如加勒比海上的圣马丁岛，跑道就在海边。降落时一不小心可能就要和鱼儿做邻居了！

高原上也有机场吗？

有，厄瓜多尔（南美洲国家）首都基多的机场不仅是世界上海拔最高的机场之一（海拔2850米），且位于城市正中心。

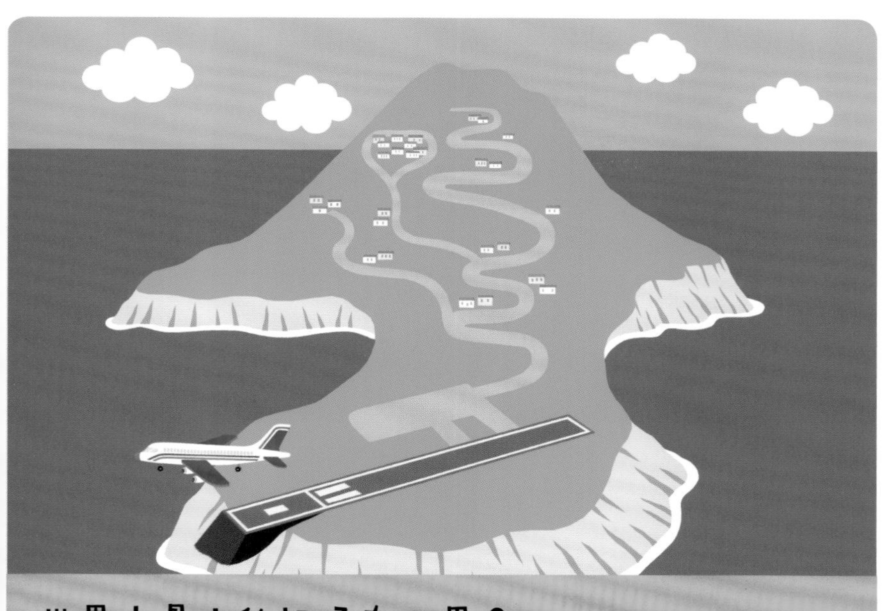

世界上最小的机场在哪里？

在安的列斯群岛的萨巴岛上，跑道长度只有400米！这里只能起降一些小型飞机。

什么是航空母舰？

是“漂浮”在海上的机场，为军机专用。与在机场降落相比，在甲板上降落的难度系数要高得多。

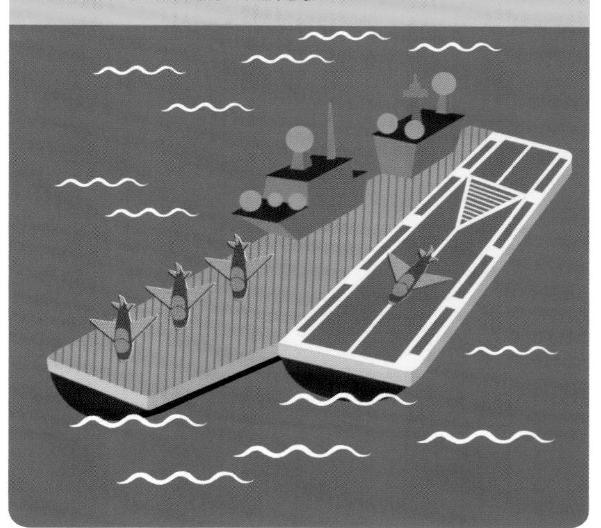

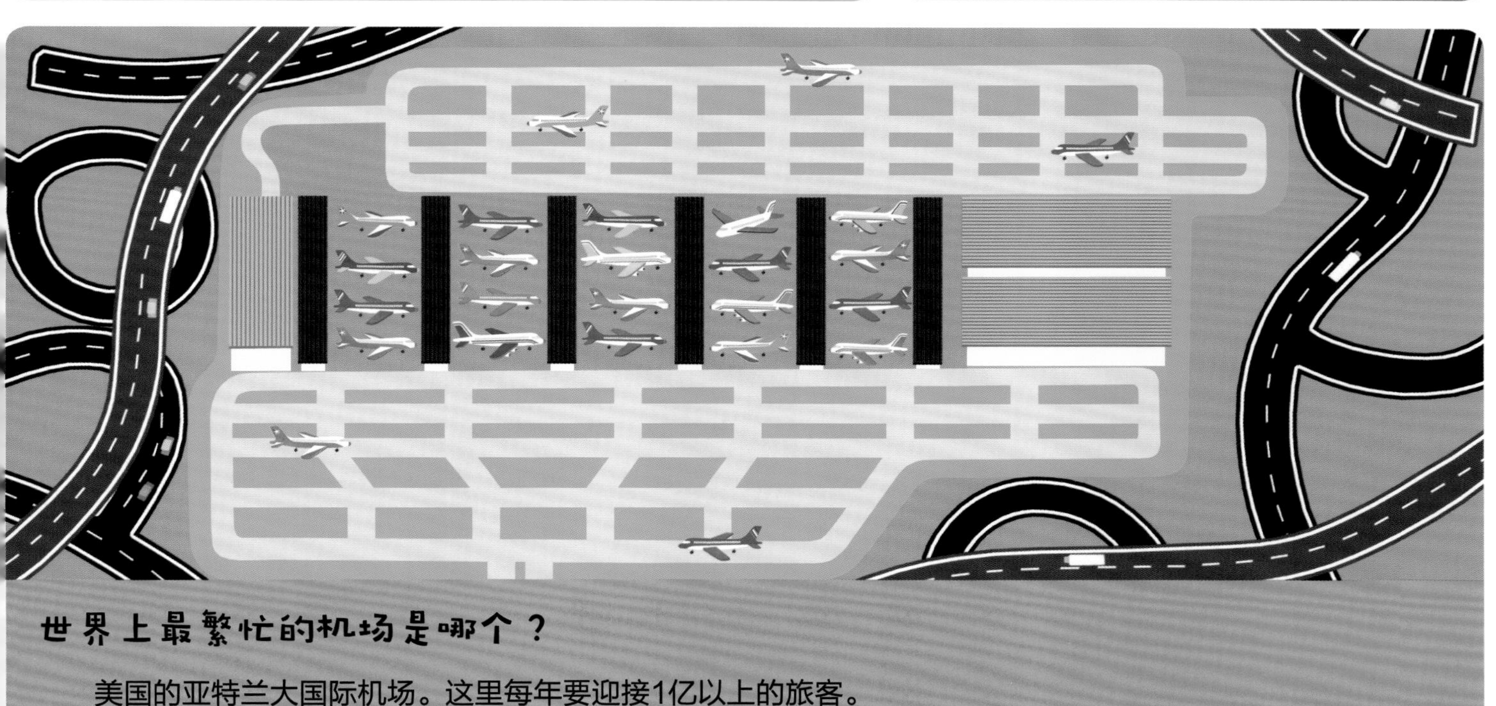

世界上最繁忙的机场是哪个？

美国的亚特兰大国际机场。这里每年要迎接1亿以上的旅客。

飞机在空中留下的白色“尾巴”是什么？

是一连串的冰晶。高空的温度很低，飞机发动机喷出的热气遇冷结冰，就形成了白色“尾巴”。

塔台的作用是什么？

组织、安排本机场所有航班的起飞与降落，保证所有乘客的安全。

直升机有机翼吗？

没有。它的飞行全靠顶部的大螺旋桨和尾部的小螺旋桨。这两个螺旋桨让直升机可以向前、向后或垂直飞行，与一般客运飞机完全不同。

如何在太空中旅行？

乘坐火箭或宇宙飞船！它们的发动机特别强大！1969年，人类第一次登上月球。现在，我们的目标是探索火星！

最快的飞机是什么？

超声速飞机。这种飞机的速度比声音还快！看它飞过去好几秒后，才能听到声音！

宇航员是如何进入太空的？

宇航员乘坐宇宙飞船。火箭将宇宙飞船送入太空，飞船可以像大型飞机一样飞行，再返回地球。

飞行员如何知道哪条跑道可以使用？

塔台通过无线电告知飞行员。即使在大雾或能见度很低的情况下，有了塔台工作人员的协助，起飞时也不会发生任何危险。

火箭起飞之后会发生什么？

火箭不断升高的过程中会逐渐抛弃不需要的部分，减轻自身的重量，包括发动机、燃料等，这些部分在掉入大气层时会着火，最后坠入海洋中。

在哪里购买机票呢？

旅客们可以在网上购买或通过旅行社购买。当然，也可以在机场直接购买。

飞行员一次能飞多久呢？

飞行员一次最多飞行13小时，每次飞行后都要休息。

为什么人们要发射火箭？

主要是为了把卫星送入轨道。有了卫星，人们才可以打电话、看电视，更好地认识地球与宇宙。

我们可以去月球上度假吗？

目前已经有旅客乘坐宇宙飞船遨游了太空。下一次任务是将旅客送上太空。目前，去月球旅行还是太昂贵了，也许未来价格会更便宜，让普通人也可以去月球。

飞行时飞机的轮子会收起来吗？

会。当飞机上升到一定高度时，飞行员将收回起落架，让它“隐身”到机舱中。

驾驶大型飞机的人是谁？

是经过专业训练的飞行员，也被称为机长。不过，飞机上不只有机长，还有许多机组人员。